高等职业教育智能制造精品教材

U0344185

混凝土泵车
操作与保养

主编　马　娇　谢向阳
参编　王踌尹　苏　欢

中南大学出版社
www.csupress.com.cn
·长沙·

图书在版编目(CIP)数据

混凝土泵车操作与保养／马娇，谢向阳主编. —长沙：中南大学出版社，2020.1(2021.12重印)

ISBN 978-7-5487-3800-8

Ⅰ.①混… Ⅱ.①马… ②谢… Ⅲ.①混凝土泵车－操作－高等职业教育－教材②混凝土泵车－车辆保养－高等职业教育－教材 Ⅳ.①TU646

中国版本图书馆 CIP 数据核字(2019)第 237852 号

混凝土泵车操作与保养
HUNNINGTU BENGCHE CAOZUO YU BAOYANG

马 娇 谢向阳 主编

□责任编辑	周兴武	
□责任印制	唐 曦	
□出版发行	中南大学出版社	
	社址：长沙市麓山南路	邮编：410083
	发行科电话：0731-88876770	传真：0731-88710482
□印　装	长沙雅鑫印务有限公司	

□开　本	787 mm×1092 mm 1/16	□印张 6.75	□字数 170 千字
□版　次	2020 年 1 月第 1 版	□印次 2021 年 12 月第 2 次印刷
□书　号	ISBN 978-7-5487-3800-8
□定　价	28.00 元

高等职业教育智能制造精品教材编委会

前　言 PREFACE

　　本书是在湖南三一工业职业技术学院领导的支持下，以工程机械运用技术专业泵送方向学生为教学对象，为其量身订做的将泵送机械操作与保养理论知识与公司泵送产品结合的一体化实训课程教材。近年来，泵送机械产品更新换代加快，各种新工艺、新技术不断渗入，相对地对泵送机械服务人员也提出了新的要求，所以了解与掌握泵送机械产品操作与保养是十分必要的。

　　本书以三一重工工程机械产品——混凝土拖泵(亦称拖式混凝土泵)和混凝土泵车操作与保养为例，结合学生的认知规律和项目导向、任务驱动教学等原则，改变传统学科体系编写的做法，将产品知识与操作保养知识有机结合，使学生能迅速地掌握泵送产品操作方法，培养操作与保养能力。

　　本书共六大项目，每个项目都提供了明确的教学目标与要求，教学内容以工作过程为导向，具有很强的实践指导能力。

　　本书具有两大特点。

　　1. 本书以三一集团混凝土泵送机械为例，介绍拖式混凝土泵与混凝土泵车操作与保养知识，以工作过程为导向，做到学习现场即工作现场，与岗位直接对接。

　　2. 全书图文并茂，层次清楚，直观形象，能直接对照产品进行基本操作。

　　本书在编写过程中得到了三一集团和湖南三一工业职业技术学院有关领导和专家们的关心和支持，撰写的同时，还参阅了三一集团有关文献。在此，谨代表本书全体撰写者向上述人士、有关单位以及参考文献的原作者，表示诚挚的谢意。由于编者水平有限，且编写时间比较仓促，书中误漏之处难免，真切期望得到同行专家和广大读者的批评指正。

编　者

2020 年元月

目 录 CONTENTS

第一篇　混凝土拖泵

第二篇　混凝土泵车

第一篇

混凝土拖泵

混凝土拖泵简介

一、混凝土拖泵的用途

混凝土拖泵是一种可以拖行的混凝土输送泵，主要用于施工过程中混凝土的输送和浇注工作。

二、混凝土拖泵的结构原理

拖泵的机械系统由泵送系统、主动力系统、液压油箱、支承与行走机构、水泵装置等主要部件组成(图1)。

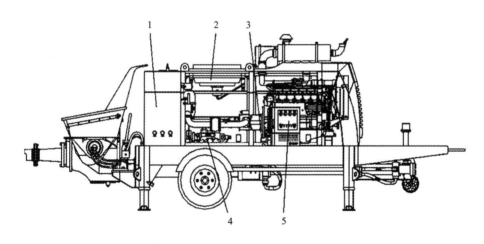

图1　拖泵(S管阀)的总体构造图

1—机械系统；2—冷却系统；3—润滑系统；4—电气系统；5—液压系统

以S管阀为例，拖泵的S管阀泵送系统的组件包括：主油缸、水箱、砼活塞、输送缸、摆摇机构、搅拌机构、料斗和S管阀等。

1. 主油缸

主油缸是由压盖、油缸体、活塞杆、油缸活塞、限位油缸及防水密封装置等组成的。限位油缸由限位活塞和限位油缸体组成，限位活塞与主油缸活塞杆连在一块。防水密封装置装在油缸压盖中，由防尘圈、唇形密封圈和组合密封圈组成。

主油缸主要部件的作用如下。

(1)限位油缸：正常泵送时，防止砼活塞退回水箱；维修或检查砼活塞时，卸压将砼活塞退回水箱。

(2)防水密封装置：在防尘圈与油缸组合密封圈中间增加一组唇形密封圈，将两个密封圈中的空腔接通蓄能器或高压油。由于油压在唇形密封圈的唇边会产生一种很大的抱紧力，这种抱紧力远大于密封圈本身弹性所产生的力，防水密封装置可以将活塞杆上的水膜挤干净，防止水进入主油缸侵入液压系统。

2. 水箱

水箱是连接主油缸与输送缸的支持件。水箱上有水箱盖板，工作时，水箱盖板起着安全防护作用，防止外界异物或手进入水箱；在泵送过程中，水箱需加满清洁的冷水，以便冷却输送缸与砼活塞因磨擦而产生的热量。水箱还能清洗泥浆，减少杂物对输送缸与砼活塞磨损的作用，故又称洗涤室。

3. 砼活塞

砼活塞由砼密封体、导向环、活塞体和连接杆等组成。砼密封体采用耐磨增强型聚氨酯制成，起导向、密封和输送混凝土的作用。砼活塞是拖泵的一个主要易损件，需要经常检查与维护，发现严重磨损时，应及时更换，以防砂粒进入砼活塞磨损处，损坏输送缸。为了增加砼活塞的使用寿命，每次开机前，都应检验润滑脂对砼活塞的润滑情况。

4. 输送缸

输送缸前端与料斗相连，后端与水箱相连，通过拉杆固定在料斗和水箱之间。

输送缸一般采用无缝钢管精密制造，由于长期与水、混凝土接触，酸、碱物质的化学腐蚀以及混凝土与输送缸表面的剧烈磨擦，因此输送缸的内表面需作特殊处理，如需镀硬铬以提高其耐磨性与抗腐蚀性能。

5. 摆摇机构

摆摇机构主要由摆缸固定座、左右摆阀油缸、摇臂和摆缸卡板等部分组成，一般安装在料斗的后方。摆摇机构的工作原理是在液压油的作用下，推动左右两个摆阀油缸的活塞杆，活塞杆驱动摇臂，摇臂带动S管阀左右摆动，从而实现S管阀的换向(图2)。

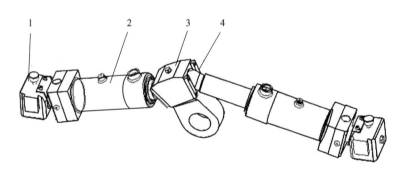

图2　摆摇机构结构图

1—摇摆固定座；2—摆阀油缸；3—摇臂；4—摆缸卡板

6. 搅拌机构

搅拌机构主要用于对料斗中的混凝土进行再次搅拌，以防止混凝土泌水离析和坍落度损失，保证其可泵性；在泵送过程中，布置合理的搅拌叶片还可以起到喂料功能，提高吸料性能。搅拌系统左侧和右侧搅拌叶片的安装方向相反，其方向应是当搅拌轴正转时，把混凝土从料斗的两侧赶向料斗中部下方的吸料口，搅拌轴的正转方向(从马达方向看)应当是按逆时针方向旋转。

4

7. 料斗

料斗主要用于储存混凝土，保证泵送机构工作时正常吸料，连续泵送。它主要由下斗体、上斗体、筛网和料门等组成(图3)。

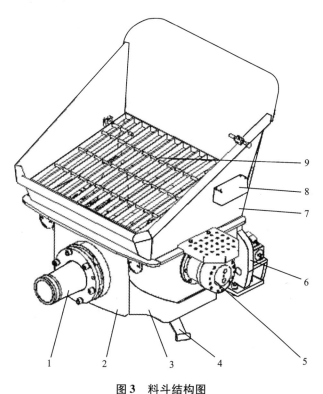

图3　料斗结构图
1—出料口；2—前墙板；3—下斗体；4—料门；5—搅拌系统；
6—后墙板；7—上斗体；8—限位开关；9—筛网

整机停止工作，筛网保护操作人员的安全；泵送时，筛网盖上，可以防止混凝土中大于规定尺寸的骨料或其他杂物进入料斗，减少泵送故障。停止泵送时，可以打开料门，排除余料和清洗料斗。

8. S管阀

泵送混凝土时，在主油缸的作用下，砼活塞动作，摆阀油缸通过摆臂作用，S管阀接通混凝土输送缸，混凝土在活塞推动下，由S管进入输送管道。而料斗里的混凝土被不断后退的活塞吸入混凝土输送缸。当一个活塞前进，另一个活塞后退到位以后，控制系统发出信号，使左右2个摆阀油缸伸出/后退，摆阀油缸换向到位后，发出信号，使2个主油缸换向，推动左右2个活塞前进/后退，上一轮吸进输送缸里的混凝土被推入S管进入输送管道，同时，另一个输送缸吸料。如此反复动作，便可完成混凝土料的泵送。

反泵时，通过反泵操作使吸入行程的混凝土缸与S管阀连通，使处在推送行程的混凝土缸与料斗连通，从而将管路中的混凝土泵回料斗。

5

项目一
拖泵的安全知识

安全是机械施工过程中的重中之重，拖泵在操作过程中也存在很多安全隐患。所以，了解拖泵的安全知识是拖泵操作安全的前提，是安全施工的重要保证。本项目的学习，可使学生充分了解安全注意事项，保证学生在操作拖泵时的安全。

【知识目标】

1. 了解拖泵的安全操作规程；
2. 掌握拖泵安全操作注意事项；
3. 掌握拖泵安全检查事项。

【技能目标】

1. 能述说拖泵安全操作规程；
2. 能指出拖泵安全注意事项；
3. 能对拖泵进行安全检查。

拖泵安全知识

在现代化施工中，为了加快工程的进度，往往采用拖泵对高层建筑进行水泥泵送，由于拖泵工作中具有高压流体，操作使用时一定要注意以下安全事项。

一、安全规程

(1)严禁对拖泵进行任何添加或变更，以免影响安全问题(制造商除外)；

(2)严禁拆除拖泵上的任何保护装置；

(3)严禁使用任何不合格的油品及配件；

(4)周围环境严禁有易燃易爆气体、物品；

(5)拖泵作业时必须佩戴安全劳保用品；

(6)电动机拖泵用电必须满足(380±10%)V范围；

(7)拖泵运转时，严禁打开任何安全设施，严禁将手伸向水箱及运动部件；

(8)严禁在根部软管后面接任何管道；

(9)严禁折弯根部软管，泵送时严禁将根部软管没入混凝土；

(10)汽车拖行混凝土输送泵时，输送泵支腿和导向轮必须全部收回；

(11)拖行速度：二级公路上不超过15 km/h，三级公路上不超过8 km/h；

(12)泵送时，必须保证料斗内的混凝土在搅拌轴之上；堵管时，先反泵再拆管道。

二、操作安全

1.启动前的安全检查

(1)检查支腿。拖泵就位后，要求地基坚实，保持车身水平，支腿销锁好，不准出现支腿悬空现象，应远离斜坡、壕沟，特别是新土的边缘(图1-1)。

图1-1　支腿注意事项

（2）检查管道。在输送管道布管中，要确保布管正确，混凝土运输、加料方式和泵送能力正常。输送管必须加固、垫实，变径管后的直管必须特别加固，并保证管道安装好后，不会漏水（图1-2）。

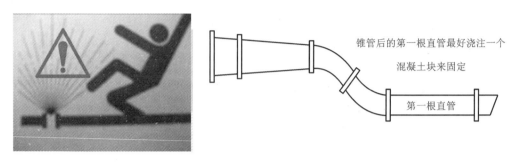

锥管后的第一根直管最好浇注一个混凝土块来固定

第一根直管

图1-2 输料管注意事项

（3）检查O型圈。对于闸板阀拖泵，要检查Y字管O型圈有没有安装，O型圈没有安装会引起漏浆，造成Y字管堵管。

（4）检查水箱。水箱中必须做到无杂物并加满干净水源，且需确保水源能够满足正常工作。水箱加水时，人不能离开，要防止水管舞动将水溅到风冷电机上，损坏电机。

（5）检查电源及电控按钮。电源要求能正常工作，操作盘、远控盒上所有开关均应处于"关"的位置。电源电压在电动机未启动、电机启动过程中及电机运行时均要满足（380±10%）V范围。电气元件不允许有断线、脱线、触头螺钉松动、短路以及私拉乱接现象（图1-3）。

(a)柴油泵电控柜　　　　　　　　　　(b)电动泵电控柜

图1-3 电控柜示意图

（6）检查液压油箱油位。液压油油位要求不得低于液位计中位。若低于液位计中位，需添加同厂家同牌号抗磨液压油。加油时，不得有水及其他液体和任何杂质混入，每次开机之前都应将液压油箱下的放油球阀轻轻打开以排放冷凝水（图1-4）。

图 1 – 4 液位计、排水口示意图

（7）检查润滑脂泵上的润滑脂是否充足，不足时应加满润滑脂。有手动润滑泵的应先进行手动润滑，再空打润滑检查各润滑点供脂是否正常。夏季用"00"号、冬季用"000"号非极压型半流体锂基脂。泵送前摇动锂基脂泵手柄直到料斗各润滑点出油为止，每泵送 30 分钟需要手摇锂基脂泵 8 ~ 10 次。60A 拖泵自动锂基质脂泵，每次开机之前和水洗完成之后，请空泵 5 分钟（图 1 – 5 和图 1 – 6）。

图 1 – 5 手动锂基脂泵、自动锂基脂泵示意图

图 1 – 6 卸压阀位置

(8)检查料斗筛网是否关好,放料门是否关闭。

(9)对于有蓄能器的输送泵,蓄能器卸压阀应处在关的位置(手柄与地面垂直)。泵送时球阀手柄处于垂直地面的位置;进行维修作业时必须打开球阀,即此手柄处于水平位置。

(10)对柴油机拖泵,进行柴油机水箱冷却液、机油、柴油液位检查,不足则及时增补。启动后必须在转速800~1000 r/min下运行3~5 min。

(11)周围环境温度较低时,要求液压油的温度升至20℃以上,才能开始投料泵送。

(12)空运转10 min,检查压力表显示是否正常,搅拌装置能否反转,反泵动作是否正常。

2.工作中的注意事项

(1)泵送混凝土之前,首先泵送清水,检查各关卡处,保证密封不渗水;再泵送管道润滑剂,一般使用砂浆,也可使用水泥浆,砂浆用量为0.5 m³/200 m:砂浆混合比(水泥:砂子),当管路长度小于150 m时为1:2,当管路长度大于150 m时为1:1。

(2)将砂浆倒入料斗进行压送,砂浆将要压送完毕时,即可倒入符合要求的混凝土进行正常压送,如果砂浆压送出现堵塞,可拆下最前面一节配管,将其内部脱水块取出,再接好配管,即可正常运转。

(3)泵送混凝土坍落度的波动不能太大,其变化范围应控制在100~230 mm。用搅拌运输车将混凝土倒入料斗前,应先在搅拌筒内快速搅拌几分钟。

(4)开始或停止泵送混凝土时应与前端软管操作人员取得联系。前端软管的弯曲半径应大于1 m,操作人员不准站在管子出口处,以防砼料突然喷出伤人。

(5)输送管道要固定、垫实,严禁将输送软管折弯,严禁在输送管后再接其他输送管,以免软管爆炸。

(6)管道堵塞,经处理后进行泵送时,软管末端会急速摆动,混凝土可能瞬间喷射,工作人员不得靠近软管。

(7)切不可站在建筑物的边角,手握末端软管,软管的摇晃或混凝土喷射,有可能导致操作人员有坠楼的危险。

(8)泵送过程中砼料应保证在搅拌轴线以上,不许吸空或无料泵送。

(9)若较长时间暂停泵送,须每隔15~30 min开泵一次,反泵1~2个行程,再正泵1~2个行程,以防止管中砼料凝结。

(10)泵送过程中,若泵送压力突然升高,或输送管路有振动现象,则立即打开反泵按钮,反泵2~3个行程,然后正泵2~3个行程。也可用木锤敲打锥形管、弯管等易堵塞部位,若连续几次,泵送压力还是过高,则可能是堵管,应暂停泵送,进行堵管处理。

(11)泵送过程中应经常注意液压油温升,当油温升到55℃时,应启动水冷却或风冷却,若油温继续升高,并超过80℃时,应停机检查。

(12)在泵送过程中,料斗内不得完全清空,防止混凝土残渣有可能高速飞出料斗,伤及机器和附近人员。

(13)如遇混凝土坍落度过低,不准在料斗内加水搅拌,应在搅拌车或搅拌机内加水泥砂浆(其水灰比与所泵混凝土相同),搅拌均匀后加入料斗内。

(14)料斗筛网上不得堆满混凝土,要控制供料流量,及时清除超径的骨料及异物。

(15)搅拌轴卡死不转时,要暂停泵送,及时排除故障。

(16)发现进入料斗的砼料有分离现象时,要暂停泵送,待搅拌均匀后再泵送;若骨料分离严重,料斗内灰浆明显不足,应剔除部分骨料并另加砂浆重新搅拌。

(17)垂直向上泵送中断后再次泵送,要先进行反泵,使分配阀的砼料退回料斗。

(18)作业暂停时,如管路装有插管,应插好插板,防止垂直或向上倾斜管路中混凝土倒流。

3.停机后的注意事项

(1)泵送工作结束停机之前,应使柴油机怠速运转3~5 min。

(2)每次泵送混凝土工作结束以后,要立即把残留在拖泵和管道中的混凝土清理干净(图1-7)。

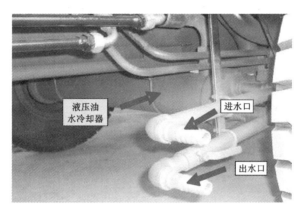

图1-7　进出水口示意图

(3)当温度低于5℃时,应将泵机上的冷却用水特别是水冷却器的残留积水排放干净,以免冻裂机器零件。

(4)在进行班后保养作业中,如紧固零件,对传动部件进行注油润滑等工作时,应在确定动力机停止转动、蓄能器的压力已释放后进行。

(5)拖行时,导向轮以及闸阀拖泵的导杆必须全部收回,不能与地面接触。

三、安全装置

当拖泵发生意外情况时,可以按下急停按钮进行拖泵工作紧急停止,让设备停机。急停按钮在电控柜面板上。如果是远控操作,操作盒面板上也有急停按钮。外形如图1-8所示。

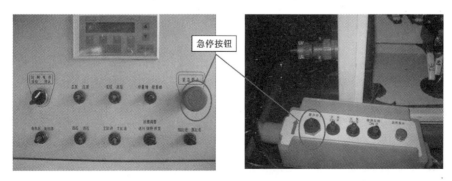

图1-8　急停按钮示意图

小结：本项目主要讲述拖泵在工作时的注意事项。在拖泵施工的过程中，应该做好充分的检查，认真履行安全操作要求，不放过任何细节事项，方可保证施工安全。

项目二
拖泵的基本操作

随着现代化生产技术的不断发展，在建筑施工中，拖泵的使用也已经越来越广，对于高层建筑物，水泥砂浆的运输更是离不开拖泵的泵送功能，本项目将讲述拖泵正确地使用、操作技术，为安全高效生产提供技术保障。

【知识目标】

1. 电动机拖泵的启动；
2. 柴油机拖泵的启动；
3. 拖泵运行中的操作控制。

【技能目标】

1. 能进行电动机拖泵的启动操作；
2. 能进行柴油机拖泵的启动操作；
3. 能进行拖泵运行中的操作控制。

拖泵的基本操作

随着现代化生产技术的不断发展，在建筑施工中，拖泵的使用也已经越来越广，正确地操作、使用和管理拖泵，不仅能使它工作稳定、故障率低、使用寿命延长，还能够缩短施工工期、提高经济效益，为客户创造更多的价值。所以，必须熟练掌握它的操作技能，严格按照操作规程施工。

一、电动机拖泵的启动操作

在对拖泵进行操作前，应先按安全操作要求对拖泵进行检查，待一切检查完成后，方可进行拖泵的启动操作。

（1）把正反泵位置置于中位，使电动机空载（图2－1）。

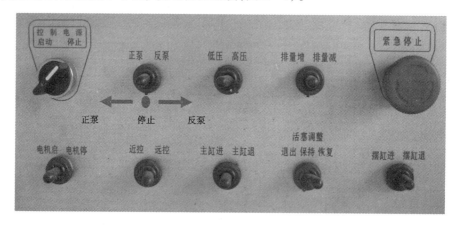

图2－1　电动机拖泵电控柜操作面板示意图

（2）合上总电源开关（总电源开关在电控柜内），旋开紧急停止按钮（图2－2）。

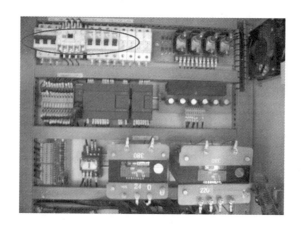

图2－2　电动机拖泵电控柜内部示意图

14

（3）按下控制电源启动。

（4）按下电机启。

（5）5 秒内按下急停开关，观察电机转向（图 2 - 3）。

图 2 - 3　电动机拖泵转向判别示意图

（6）如转向相同，继续按电源启，启动主电机；如不相同，对调三相电源任意两相电的电线，再按下电机启，启动主电机（图 2 - 4）。

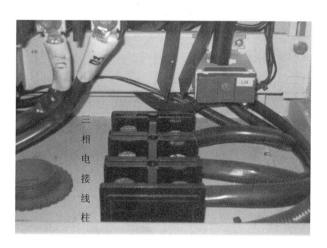

图 2 - 4　电动机拖泵电源接线柱

二、柴油机拖泵的启动操作

（1）柴油机拖泵在启动柴油机前加满柴油，检查机油位。

（2）检查防冻液位。

（3）合上电源总开关。

（4）旋开紧急停止按钮。

（5）按下控制电源按钮。

（6）按下柴油机启动按钮，启动柴油机。

启动柴油机后，让柴油机怠速运转5分钟，手动升速至额定转速，分别检查机油压力、电源电压、水温、柴油位（图2-5）。

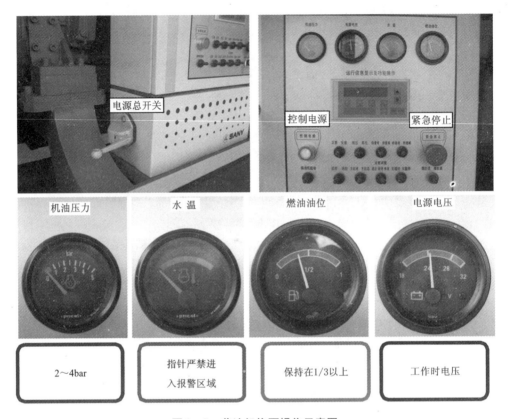

图2-5　柴油机拖泵操作示意图

三、开机运行的操作

开机运行的操作主要有正、反泵切换，排量增、减控制，高、低压切换等操作，有控制按钮在电控柜面板上，都为钮子开关，可对应进行操作。过程中，请注意下面几点。

（1）按电机启动按钮，让电机空转2分钟，无异常后按正泵启动按钮，让泵空打10分钟（自动润滑系统一定要空打），同时检查压力表显示是否正常，搅拌装置能否正反转，再停止正泵将远近控旋钮转换成远控状。检查各润滑点润滑脂供应是否正常。（对于S阀输送泵，开机前应先手动泵脂20次左右，直到料斗内各润滑点出脂为止。泵送30分钟必须摇润滑脂泵手柄10次）。自动润滑系统每次混凝土泵送完毕，必须空泵运行5分钟以上，直到四个润滑点流出干净润滑脂（图2-6）。

图 2 - 6 拖泵润滑点示意

（2）往料斗内加满水，按正泵启动按钮，待水泵完后，打反泵将水吸回，停止正泵运行。倒入稍稠一点的砂浆到料斗（300 m 以内，砂∶水泥 = 2∶1；超过 300 m，砂∶水泥 = 1∶1），待搅拌均匀后，按正泵启动按钮，泵送 2 ~ 3 斗砂浆后即可投入合格的混凝土开始泵送（混凝土没有到达之前不要泵送砂浆，混凝土塌落度要求保证在 12 cm 至 23 cm 之间）。泵送混凝土时，料斗内的混凝土不得低于搅拌轴，以免混凝土从料斗内喷出伤人（图 2 - 7）。

图 2 - 7 料斗注意事项

注意：

（1）料斗中部为混凝土最佳流入料斗位置。

（2）叶片与料斗壁在任何位置的距离都不能小于 5 cm，否则会造成料斗磨穿。

（3）泵送过程中要经常检查油温。温度表指针在 35 ~ 75℃，油温过高时应加快冷却水的流速。检查液压油滤油器，指针到达警示区域时，应立即更换滤芯，不能清洗（图 2 - 8）。

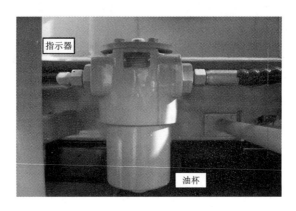

图 2 - 8　高压滤清器示意图

注意：指示器处于警示区域时需要更换滤芯。

（4）工作中不得将筛网移开，不得蹬踏筛网，不得将手或异物伸入筛网，以免发生危险。

（5）工作中，如遇紧急情况（如电机声音异响、油管炸裂喷油等），应立即按下紧急停止按钮，待故障解决后方可重新开机，重新开机前应保证各开关处在"关"的位置。若判断故障在 1 小时内不能解决，则必须将料斗、输送缸及泵管内的混凝土清理干净。

（6）工作中如遇堵管，可反泵 3 ~ 5 下，再开正泵，如此反复两遍，一般堵管即能排除；若仍不能排除，应停止正泵，拆下堵塞的泵管清理后重新安装，方可继续泵送混凝土。

四、远控操作

通过远控操作面板与电控柜面板接合进行操作，操作方法与前面相同。

五、砼活塞退出操作

通过电控柜面板上的活塞调整按钮进行操作（图 2 - 9）。

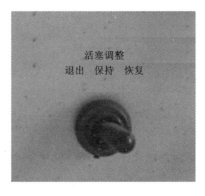

图 2 - 9　活塞调整按钮

　　小结：本项目主要讲述拖泵的基本操作方法，掌握此操作方法后就能对拖泵进行操作，完成拖泵的泵送作业。

项目三
拖泵的维护与保养

为了保证设备的长时间正常运转，不影响施工进度，延长设备使用寿命，降低故障率，混凝土输送泵必须坚持做好检查与维护保养工作。

【知识目标】

1. 能正确地述说拖泵的保养内容及方法；
2. 能根据要求对拖泵做好保养工作。

【技能目标】

1. 能正确地对拖泵进行紧固件的检查与紧固；
2. 能正确地对拖泵进行润滑方面的检查保养；
3. 能正确地对拖泵进行作业后的清洗；
4. 能正确地对拖泵进行易损件更换。

任务一　拖泵紧固

本任务介绍拖泵零部件的紧固。通过本任务的学习，掌握拖泵有哪些部位需要检测紧固，检测周期是多久，该如何进行紧固操作。

【知识目标】

1. 泵车润滑部位；
2. 各部位润滑的周期及需要的相关物品。

【技能目标】

1. 能正确对底盘润滑点加注黄油；
2. 能正确对支腿和臂架润滑点加注黄油；
3. 能正确对回转机构润滑点加注黄油。

拖泵紧固

拖泵在使用过程中难免会有振动和冲击,振动与冲击往往是机械连接松脱的直接诱因,因此,在对拖泵日常保养的过程中,应定期对其连接件进行检查、紧固。

一、机械连接紧固

1.行走机械的紧固

拖泵在运输过程中,往往以汽车拖行,故拖泵行走机械必须定期进行检查紧固(图3-1)。

图3-1 拖泵行走机械结构示意图

注意:拖泵拖行时应将导向轮收起,拖泵与拖行物之间必须采用刚性连接,不允许用钢丝绳等软性连接拖行拖泵!

(2)重要螺栓连接

重要螺栓连接指主油泵、输送缸、摆阀油缸、闸板阀、料斗与底架等处的连接螺栓,必须保持一定的拧紧力矩(图3-2)。

图3-2 重要结构示意图

注意:爆裂的管卡喷出的混凝土易造成伤害!

以上所有重要螺栓连接,要每日检查是否有松动,发现松动时,必须拧紧。

3. 输送管道的紧固

包括直管、弯管、锥管等均应垫实，固定牢靠，密封良好，输送软管不允许弯折。

二、电气控制系统紧固

拖泵的电气控制系统能否长期正常运行，很大程度上取决于日常对电气控制系统的检查及维护。使用前必须进行电气紧固检查。电气紧固检查主要是检查各电源、电器线路连接是否紧固(图 3 – 3)。

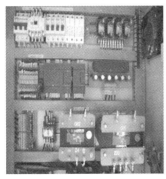

图 3 – 3　重要结构示意图

注意：电气紧固时要断开总电源。

三、水泵清洗系统紧固

泵水清洗之前，应检查水泵各处连接是否正确、牢固，确保不渗漏；冬季寒冷时，在停机后应拧开水泵的放水螺栓，放掉水泵中的水(图 3 – 4)。

水泵放水螺栓

图 3 – 4　水泵清洗系统示意图

注意：当水洗无力时，请及时清洗水过滤器中的滤网。

小结：本次任务主要讲述拖泵在日常保养中的连接件检查与紧固方法，及时对拖泵进行紧固方面的检查可以减少事故的发生，保证施工的安全。

任务二　拖泵润滑

本任务介绍拖泵润滑系统。通过本任务的学习，掌握拖泵润滑系统的润滑过程，保证拖泵工作时各机构的润滑需求，了解润滑系统日常保养周期以及如何进行润滑操作。

【知识目标】

1. 熟悉"S"阀拖泵的润滑方法；
2. 熟悉闸板阀拖泵的润滑方法；
3. 熟悉拖泵增速箱的润滑方法。

【技能目标】

1. 能正确对"S"阀拖泵进行润滑保养；
2. 能正确对闸板阀拖泵进行润滑保养；
3. 能正确对拖泵增速箱进行润滑保养。

拖泵润滑

三一拖泵中的油脂润滑系统的功能是用来减少位置相对运动表面的磨损,这样可以防止因运动部件磨损而造成混凝土砂浆渗入或漏浆,运动不顺畅,引起附加动载荷而降低机件的使用寿命。

一、"S"阀拖泵的润滑

"S"阀混凝土输送泵采用油、脂混合润滑系统,它主要由手动润滑脂泵、干油过滤器、单向四通阀、片式分油器、润滑中心和管道等组成。它的动力来自手动润滑脂泵和主油泵。在开机泵送之前、停机之后和停机待料时,可通过手动润滑脂泵给各润滑点供脂,扳动手动润滑脂泵的手柄,观察搅拌轴承、S管大小轴承座处均有脂溢出即可。

在混凝土输送泵泵送过程中,是由主油泵进入液压系统控制油路的压力油通过润滑中心,给各润滑点提供润滑油润滑,此为自动润滑,这时无须使用手动润滑脂泵。

润滑脂储存在贮油筒内,加脂前,应检查贮筒的清洁,及时清除脏物。润滑脂必须保持清洁,从加油口加入时,应尽量减少气体混入。加脂后,应立即将油筒盖好,以防灰尘、脏物进入。贮油筒中储存的润滑脂应经常检查,及时添加。

(a)手动润滑脂泵

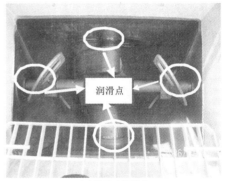

(b)料斗内润滑点

(c)片式分油器

(d)旋盖式润滑脂杯

图3-5 "S"阀拖泵润滑结构示意图

（1）两摆阀油缸球形座，均采用油杯润滑；每次泵送开始前，必须向油杯内加满润滑脂，并每4小时旋盖注油润滑一次。

（2）润滑脂选用：夏季用"00"号半流体锂基润滑脂；冬季用"000"号半流体锂基润滑脂。

（3）使用输送泵之前或每使用4个小时后，应及时向贮油筒内加满润滑脂。

（4）输送泵在开机之前、停机之后，以及泵送过程中的每小时内，均须手动润滑8～10次，以用润滑脂来润滑各润滑点。

（5）润滑周期结束后，应将手动润滑脂泵手柄转回到垂直位置。

二、闸板阀拖泵的润滑

闸板阀输送泵采用全脂润滑，它主要由润滑脂箱、润滑脂泵、阻尼器、润滑脂分配阀和各润滑点的单向阀组成，其动力来自滑阀油缸的压力油。润滑脂泵从润滑箱中吸入润滑脂，加压后经阻尼器压入分配阀，将润滑脂合理分配到各润滑点。润滑脂泵的脂输送量可通过调节螺钉调节，拧紧调节的螺钉，可增大供脂量。因润滑脂泵的动力由滑阀油缸引起，故它的动作应与滑阀油缸同步。

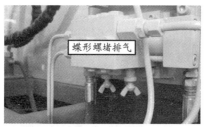

(a)分配阀下蝶形螺堵排气口

(c)自动润滑脂泵

(b)润滑脂分配阀

60A拖泵自动锂基质脂泵，每次开机之前和水洗完成之后，请空泵5分钟。

图3-6 闸板阀润滑结构示意图

注意：

（1）在向脂桶里加脂后，应通过分配阀下蝶形螺堵排气，直到有脂流出。

（2）泵送混凝土之前和清洗设备之后，必须打空泵5分钟，直到搅拌轴轴承、闸板滑杆上有脂溢出。

分配阀中有分配阀显示杆，正常情况下，供脂一次，动作一下（动作幅度不明显，须用手去感觉）。若显示杆不动，则表示分配阀受阻，应进行油路检查和调整。

当某条供油管路堵塞时，分配阀中该管路的安全阀显示杆外伸，指示该管路供脂异常，应进行检查和调整。

三、拖泵增速箱润滑

1. 增速箱的油位检查

取下增速箱的油位口螺塞,检查增速箱的润滑油油面,如果油面低于油位口螺塞,就要从增速箱的加注口加入润滑油至油位口下部,这时可有少量油溢出。

图 3 – 7　增速箱润滑示意图

2. 增速箱润滑油的更换

(1)将拖泵水平停好,关闭电动机,并切断电源,以防止未经许可的启动;

(2)旋开加注口和放油口螺塞,放出增速箱内的润滑油;

(3)加入适量柴油清洗增速箱内部,清楚内部沉淀污垢;

(4)用适当的容器接好流出的旧油,处理应符合环境保护要求;

(5)将放油口螺塞装好;

(6)从加注口加入壳牌 VG150 齿轮油至增速箱的观察口下部,可有少量油溢出;

(7)装好观察口和加注口螺塞,启动拖泵,检查运行是否正常。

小结:本次任务主要讲述拖泵在工作时的润滑方式。在拖泵施工的过程中,应该及时做好润滑处理,保证拖泵工作时各方面的润滑需求,方可高效工作。

任务三　拖泵清洗

　　本任务介绍拖泵及输送管道的清洗，防止混凝土结块造成系统故障。通过本任务的学习，掌握拖泵及输送管道的清洗保养方法。

【知识目标】

　　1."S"阀拖泵的清洗；
　　2.闸板阀输送泵(60A)的清洗。

【技能目标】

　　1.能正确对"S"阀拖泵进行清洗；
　　2.能正确对闸板阀输送泵(60A)进行清洗。

拖泵的清洗操作

拖泵是水泥砂浆输送机械,由于水泥砂浆特有的属性,在拖泵作业完成后必须及时对其进行清洗保养,保证拖泵及输送管道不被水泥砂浆损坏。由于拖泵在结构上有所不同,现将两种不同结构的拖泵的清洗方法介绍如下。

一、"S"阀拖泵清洗方法

(1)泵送完混凝土,可再泵 1 ~2 斗砂浆,关闭正泵按钮,将管道中的插管关死,不使混凝土回流,然后开一下反泵将压力卸掉,拆下 150A – 125A 变径管,将变径管内混凝土清理干净,塞入 4 ~5 个用水浸湿的水泥纸袋,然后再塞入一个浸湿的海绵柱塞(距离较远或弯头较多时可用纸袋代替)。

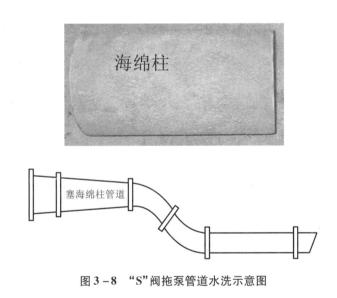

图 3 – 8　"S"阀拖泵管道水洗示意图

注意:高层泵送洗管时,必须保持水源充足,中途严禁因缺水而停止水洗泵送。

(2)将料斗内的混凝土清理干净,把根部软管拆下,将水接入料斗(可用混凝土搅拌车装水倒入),开启正泵,不间断泵送至管道前端海绵柱出来为止。

(3)开启反泵,将水释放掉,打开锥管,清洗 S 管内部;彻底清理料斗内的干结混凝土;手摇润滑脂泵,直到料斗内各润滑点流出干净的润滑脂。

(4)停机,关闭所有电源开关,放净水冷却器及水箱中的水,锁好电控柜门及拖泵。

二、闸板阀输送泵(60A)清洗方法

(1)把水泵上的水洗法兰接上,把根部软管拆下,把管道中插管打开。

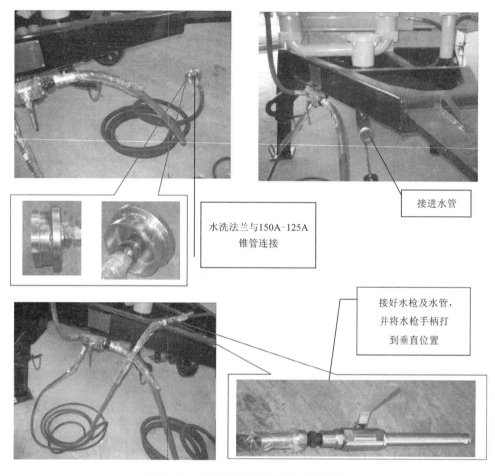

图 3-9 60A 拖泵水洗管道连接示意图

(2)将水泵上的转换手柄打开(手柄与阀垂直是高压水枪出水),按下水泵启动按钮,然后将搅拌换向阀手柄推至水洗位置(往里推水洗,中间停止,往外拉为搅拌),即进入清洗管道工作。

(3)待海绵球从泵管前端出来后,即可停止水洗,此时只需将手动换向阀手柄拉出,再按下水泵按钮即可。

(4)将输送泵出口的 Y 字管螺栓拧开,打开 Y 字管。

(5)关闭水泵按钮,将远近控开关转换为近控,按正泵按钮将泵内残余混凝土打出后,停止正泵,按下水泵按钮,将水泵下的转换手柄关死(手柄与阀垂直),检查水枪头的开关应处在关的位置(手柄与枪头垂直)将手动换向阀手柄往里推,双手握住水枪头慢慢打开阀门,即进入高压水洗(枪头切勿对着人或电器)。

(6)将洗涤室内的水放尽,并将洗涤室清洗干净,对料斗、输送缸、Y 字管及所有沾混凝

土的地方进行冲洗，直到清洗干净为止。

　　（7）开正泵，让泵空运转 10 分钟，并检查搅拌轴承、各滑杆，直到出润滑脂即可停机（先按正泵停止按钮，再按电机停止按钮，最后按紧急停止按钮）。拉下电控箱内右下方空气开关，将蓄能器压力卸掉（蓄能器下有一球阀，垂直为工作位置，卸压时将球阀手柄慢慢打平，待压力卸完后复位），关闭冷却水源。

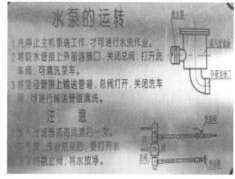

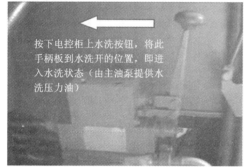

图 3-10　60A 拖泵水洗示意图

图 3-11　水泵、高压水枪关闭示意图

　　注意：冬天施工停机后必须将冷却器进出口水管拆下，将水放尽；把水泵底下两个阀门拧开，将水放尽，以免冻裂。每次维修液压系统之前，必须关闭电源，将蓄能器压力卸掉；工具必须清理干净。

小结：本次任务主要讲述拖泵在工作后的清洗工作，清洗设备有利于设备的维护与保养，减少设备发生故障，延长其使用寿命。

任务四　拖泵易损件更换

本任务介绍拖泵易损件的更换。通过本任务的学习，可掌握拖泵易损件的位置、更换周期以及更换操作的方法。

【知识目标】

1.泵车润滑部位；
2.各部位润滑的周期及需要的相关物品。

【技能目标】

1.能正确对底盘润滑点加注黄油；
2.能正确对支腿和臂架润滑点加注黄油；
3.能正确对回转机构润滑点加注黄油。

拖泵易损件更换

大部分易损件是直接接触混凝土而遭受磨损的部件或者为保护重要部件而接受"牺牲性"损耗的部件。所以，易损件被损耗后如果不及时更换，轻则会对工作效率产生影响，重则造成设备受损，甚至瘫痪。本章列出了砼活塞、眼镜板、切割环、搅拌叶片、搅拌密封、搅拌马达、S管阀、输送缸等易损件的更换时机的判断及更换的方法。

一、砼活塞

砼活塞由活塞体、导向环、密封体、活塞头芯和定位盘等组成，材料为硫化聚氨脂。当输送缸的镀层(0.2~0.25 mm)未被磨损掉而砼活塞后部(即水箱)出现混凝土浆或砂粒时，表明活塞已磨损，需立即更换。

拆装方法如下。

(1)取下水箱盖，放掉水箱内的水。

(2)点动活塞退出，退出后拨动钮子开关到"保持"。

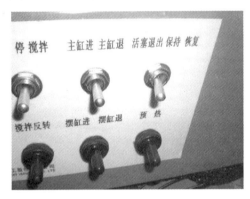

图 3-12　砼活塞退出

(3)打开蓄能器泄压球阀，并停机。

图 3-13　泄压、停机

（4）松掉砼活塞与主油缸杆连接螺栓或卡式接头（塞入细钢管撬动砼活塞，拆下靠水箱底部连接杆螺栓），取出活塞。

拆除卡式接头螺栓　　　　　　　　　　　　将接头敲下

图 3 - 14　砼活塞拆卸

（5）对砼活塞头进行解体，按相反方向装好新的砼活塞密封体和导向环，给新的砼活塞表面涂上润滑脂。

图 3 - 15　砼活塞解体更换

二、眼睛板、切割环

拖泵经使用后，切割环与眼睛板之间会产生一定的间隙，当间隙大于 0.7 mm 影响泵送时，必须立即拧紧摇臂上的异型螺母，将切割环与眼睛板之间的间隙调整到 0.1 ~ 0.2 mm。为了延长使用寿命，切割环在使用 60 ~ 80 小时之后，建议转过动 90°，再继续使用。

若经过多次调节后，异形螺母已无法调动，而眼睛板与切割环间隙已超过 0.7 mm 或任一条沟纹超过 1.5 mm，影响正常泵送时，则必须更换切割环与眼睛板。更换方法和步骤如下。

（1）拆除料斗上的筛网。

图 3 – 16　拆除筛网

（2）用内六角扳手对角法则拆下出料口螺栓，并用铜锤敲下出料口。

图 3 – 17　拆除出料口

注意：出料口要先塞入长钢管，以防出料口掉地伤人。
（3）拆下大轴承座润滑脂管及脂接头。

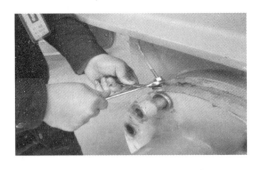

图 3 – 18　拆除润滑脂管及脂接头

（4）拧下异形螺母定位螺钉。
（5）拧松异形螺母至间隙为 10 mm 左右。

图 3－19　拆除润滑脂管及脂接头

（6）用出料口螺栓对角顶大轴承座至可取出切割环为止。
（7）用内六角扳手对角法拧下全部眼镜板安装螺栓。

图 3－20　拆除眼镜板安装螺栓

（8）取出眼镜板，再取出切割环及橡胶弹簧。

图 3－21　取出眼镜板

（9）换上新的眼镜板，按相反方向装好后用塞尺规测量眼镜板与切割环的间隙为 0.1 ~ 0.2 mm 或切割环与 S 管间隙 3.5 mm。

图 3 - 22　更换眼镜板

三、搅拌叶片、搅拌密封及搅拌马达

拆装方法如下。

（1）停机，打开蓄能器泄压球阀，关闭搅拌球阀，拆除料斗上的筛网。

图 3 - 23　泄压球阀与搅拌球阀

（2）拆下搅拌叶片螺栓，一般拧下一侧螺栓，拧松另一侧螺栓，即可将磨损的搅拌叶片取出。

图 3 - 24　拆除搅拌叶片

（3）分别装上好的左右搅拌叶片，装配时请注意：

①搅拌轴的正转方向（从马达方向看）应当为逆时针方向；同时为叶片螺栓受力均匀，应顺时针安装双螺母和弹簧垫。

②搅拌叶片从出料口观察为正"八"字形，主要是当搅拌轴正转时，将混凝土从料斗的两侧赶向料斗中部下方的吸料口。

（4）搅拌马达更换时，应先拆油管，并用专用堵头（或者干净抹布）堵管。

图 3-25　拆除搅拌马达

（5）拆除搅拌轴承座两端的润滑脂管及相应的脂接头。

图 3-26　拆除润滑脂管

（6）用内六角和套筒扳手对角法拆搅拌马达座，轴承座端盖端盖，放好搅拌马达和马达座。

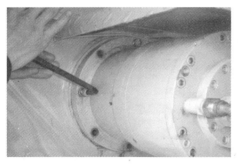

图 3 - 27　拆除搅拌马达

（7）用外卡卡簧钳拆下左端盖卡簧，拆下右端盖的轴承压板，用顶推法顶出两端的轴承座。

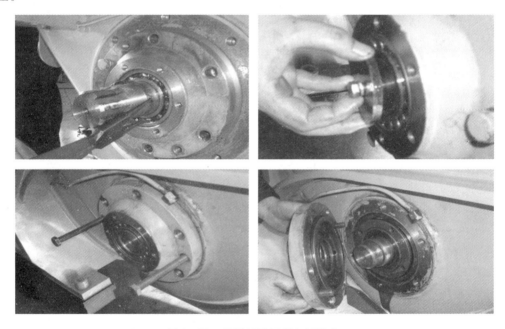

图 3 - 28　拆除轴承压板与轴承座

（8）拆除搅拌轴承。

图 3 - 29　拆除搅拌轴承

(9)拆下两边的密封盖,取出搅拌轴。

(10)拧出轴套定位螺钉,敲出轴套,更换轴承座密封件。

图 3 – 30　拆除搅拌轴

(11)搅拌轴的安装与拆卸相反,须注意密封圈、密封垫及螺钉上的止推弹簧垫,更重要的是密封盖板处的 J 型防尘圈、密封圈的位置、方向。

四、S 管阀

S 管阀内部堆焊的耐磨层被磨损掉时(任何局部),应在中修时拆下来,用相应的堆焊焊条补焊;或工作很长一段时间后,由于管壁磨损严重甚至磨穿,不能继续进行泵送工作了,必须更换 S 管阀。

拆装方法如下。

(1)停机,蓄能器泄压球阀打开,关闭搅拌球阀。

(2)参考搅拌轴、搅拌密封及搅拌马达的拆装,将搅拌轴拆除。

(3)参考眼镜板、切割环的拆装,将大轴承座以及异形螺母拆除。

(4)拆除摆摇机构部件。

图 3 – 31　拆除摇摆机构

（5）取出眼镜板和切割环。

图 3-32　拆除眼镜板和切割环

（6）拆除小轴承座压环。

图 3-33　拆除小轴承座压环

（7）取下小轴承座和端面轴承套。

图 3-34　拆除小轴承座组件

(8)从料斗内吊出 S 管阀。

图 3 - 35　吊出 S 管阀

(9)进行更换或对堆焊层进行堆焊(D707 耐磨焊条),按相反方向装好 S 管阀。

注意:如耐磨套损坏,需用气割把 S 管阀耐磨套割下,加热新的耐磨套换上。

五、输送缸

输送缸镀硬铬,铬层厚度为 0.2 ~ 0.25 mm,硬度为 HV800,当发现输送缸镀铬层磨损后出现基体材料(或测量内径尺寸出现 $\phi200 + 0.46 \sim + 0.54$、$\phi230 + 0.46 \sim + 0.54$)时,需要更换输送缸。

拆装方法如下。

(1)拆掉两边砼活塞,再使输送杆尽量伸出一致位置(用抹布包裹好两活塞杆)。

图 3 - 36　拆砼活塞

（2）拆下搅拌马达上的连接胶管，并用堵头堵住油管接口。

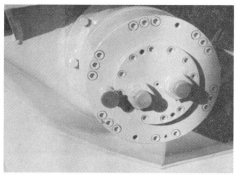

图 3 - 37　拆除搅拌马达油管

（3）拆除摆缸的连接油管，并用干净抹布堵住油管接口。

图 3 - 38　拆除摆缸连接油管

（4）拆下料斗上的递进式分配阀的进油润滑脂管，输送缸上润滑砼活塞的润滑脂管及接头。

图 3 - 39　拆除油脂管

（5）拆下水冷器与拉杆的 U 形螺栓及支座。

图 3 － 40　拆除水冷器

（6）拆下水箱处的 6 颗拉杆螺母，拆下料斗底部的 6 颗固定螺钉。

图 3 － 41　拆除水连接辊母

（7）用钢丝绳从料斗处下伸，用吊车吊起料斗及输送缸往外慢慢提出，把料斗与输送缸放在合适的场地，并在底部垫上厚木块。

图 3 － 42　吊出输送缸

（8）旋下拉杆，取出输送缸，敲出过渡套。

图 3 – 43　吊出输送缸

注意：过渡套内壁堆焊一层特殊的耐磨材料，其高度不能低于输送缸，否则必须在此进行更换。

（9）换上新的输送缸，按相反方向装好并检测同轴度。

图 3 – 44　更换检测输送缸

注意：

①安装拉杆时旋入的深度不能超过后墙板的厚度，以防止与眼睛板干涉；在旋入螺纹段表面涂二流化钼防锈油。

②拉杆拉上没拧紧前，先打泵几次，再拧紧拉杆，必须确保拖泵主油缸与输送缸同轴度误差≤0.7 mm。

小结：本项目主要讲述拖泵易损件的检测与更换，掌握这些方法，可以更好地对拖泵进行维护与保养，充分发挥其工作性能。

第二篇
混凝土泵车

混凝土泵车简介

一、混凝土泵车的用途

混凝土泵车是将混凝土泵的泵送机构和用于布料的液压卷折式布料臂架和支撑机构集成在汽车底盘上,集行驶、泵送、布料功能于一体的高效混凝土输送设备。适应于城市建设、住宅小区、体育场馆、立交桥、机场等建筑施工时混凝土的输送。

二、混凝土泵车的分类

1. 按臂架长度分类

短臂架:臂架垂直高度小于 30 m。

常规型:臂架垂直高度大于等于 30 m,小于 40 m。

长臂架:臂架垂直高度大于等于 40 m,小于 50 m。

超长臂架:臂架垂直高度大于等于 50 m。

其主要规格有 24 m、28 m、32 m、37(36) m、40 m、42 m、45(44) m、48(47) m、50 m、52 m、56(55) m、60(58) m、62 m、66(65) m。

2. 按泵送方式分类

主要有活塞式、挤压式,另外还有水压隔膜式和气罐式。目前,以液压活塞式为主流,挤压式仍保留一定份额,主要用于灰浆或砂浆的输送,其他形式均已淘汰。

3. 按泵送方式分类

按照分配阀形式可以分为:S 阀、闸板阀等。目前,使用最为广泛的是 S 阀,其具有简单可靠、密封性好、寿命长等特点;在混凝土料较差的地区,闸板阀也占有一定的比例。

4. 按臂架折叠方式分类

臂架的折叠方式有多种,按照卷折方式可分为 R(卷绕式)型、Z(折叠式)型、RZ 综合型。R 型结构紧凑,Z 型臂架在打开和折叠时动作迅速。

5. 按支腿形式分类

主要根据前支腿的形式分类,有以下几种类型:前摆伸缩型、X 型、XH 型(前后支腿伸缩)、后摆伸缩型、SX 弧型、V 型等。

三、混凝土泵车的结构原理

泵车由五大系统组成,分别是底盘系统、臂架系统、泵送系统、液压系统、电气系统。

1. 底盘系统

底盘由发动机、驾驶室、行驶系、转向系、制动系、支撑部分及其他辅助系统等组成,为泵送系统提供支撑、行驶的动力。

底盘分动箱的作用:实现泵送系统与行驶的功能切换。

2.臂架系统(上装部分)

上装部分由布料杆和转塔组成,完成混凝土的输送布料工作。布料杆由臂架、臂架油缸、连杆、铰接轴、输送管等组成。转塔由转台、回转机构、固定转塔、支腿、支腿展开油缸等组成。

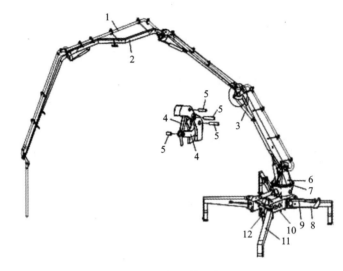

图1 泵车上装示意图

1—输送管;2—臂架;3—臂架油缸;4—连杆;5—铰接轴;6—转台;7—回转机构;
8—前支腿;9—前支腿展开油缸;10—固定转塔;11—后支腿;12—后支腿展开油缸

3.泵送系统

泵送系统是混凝土泵车的执行机构,用于将混凝土沿输送管道连续输送到浇筑现场。泵送系统由料斗总成、泵送机构、输送管道和润滑系统组成。

4.电气系统

工程机械电气根据设备的不同可以分成底盘电气和上装电气两部分。具体来说,按照电气功能,可以分成如下几个部分。

电源电路:由蓄电池、发电机、电源开关及相应指示装置电路组成;

起动电路:由点火开关、继电器、起动马达、发电机、预热控制器及相关保护装置电路组成;

仪表电路:由仪表、传感器、各种报警指示灯及控制电器组成的电路;

辅助装置控制电路:为提高车辆安全性、舒适性、经济性等各种功能的电气装置组成的电路。包括风窗刮水装置、音响装置、空调装置及照明电路等。

工作装置控制电路(上装):由主液压泵、主液压马达或主油缸及相关控制阀组上的电磁阀组成的电路。

5.液压系统

液压系统可分为两类:液压传动系统和液压控制系统。液压传动系统以传递动力和运动为主要功能。液压控制系统则要使液压系统输出满足特定的性能要求(特别是动态性能)。

项目四
泵车安全知识

　　前述课程中讲到了拖泵的安全操作与保养，在泵送机械中，进行水泥砂浆泵送的另一种机械泵车，在对其操作过程中，同样也存在很多安全隐患。所以，了解泵车安全操作知识是拖泵操作安全的前提，是安全施工的重要保证。通过本项目的学习，学生可充分了解安全注意事项，保证在操作拖泵时的安全。

【知识目标】

　　1. 了解泵车的安全操作规程；
　　2. 掌握拖车操作安全注意事项；
　　3. 掌握泵车安全检查事项。

【技能目标】

　　1. 能述说泵车安全操作规程；
　　2. 能指出泵车安全注意事项；
　　3. 能对泵车进行安全检查。

泵车的安全操作知识

一、安全规程

1.基础原则

(1)严禁对泵车进行任何添加或变更,以免影响安全问题(制造商除外)。

(2)泵车只能用于不大于 2400 kg/m³ 混凝土的输送,严禁将泵车用于交通运输、起吊重物等任何其他用途(如要用于其他用途,必须经供用商同意)。

(3)禁止延长臂架或末端软管;

(4)禁止调整安全压力、运动速度、输出功率、转速和其他一些在工作中需要的设置;

(5)禁止采用大直径或重量稍重的输送管和管卡;

(6)禁止在臂架上安装传送装置和传动装置;

(7)禁止更换计算机系统程序;

(8)禁止变换或更改任何位置的支撑系统或臂架;

(9)禁止更改液压油、水的柱面高度;

(10)禁止更换、更改电缆和电气线路控制系统。

2.工作环境要求

(1)天气、环境要求

①混凝土泵车使用的海拔高度一般在 1000 m 以下(如在海拔超过 1000 m 的地区使用,请首先获得供应商的允许);

②工作时的适宜环境温度为 5 ~ 40℃ ,而且在一天(24 小时)内温差不要超过 35℃(如环境温度不在此范围内,请在供应商的指导下作业);

③工作时,液压油箱中的液压油温不要超过 65℃ ;

④非工作时(如储运),最低环境温度不要低于 - 40℃(温度为零下时,请将设备中的水或混凝土排除干净);

⑤适宜环境湿度应在 30% ~ 95% 。

(2)恶劣天气及风暴环境

①有暴风雨、龙卷风的前兆时,应停止作业,收回臂架并复位固定。

②泵车臂架垂直距离为 42 m 及其以上的,最多只能在 7 级风力下工作(风力 61 km/h ≈ 17 m/s);

③泵车臂架垂直距离为 42 m 以下的,最多只能在 8 级风力下工作(风力 74 km/h ≈ 20 m/s)。

3.操作及维修人员的资格

(1)持有认可的资格证书,接受过专职培训并已被证明具备操作能力的人才能操作泵车。

(2)只有有资格的专业技术人员和售后服务人员才能维修泵车。

(3)司机必须持有效驾驶证件才能驾驶泵车。

4.危险区域范围

(1)开机后所有人必须远离末端软管的危险区域,不允许未授权的人员进入危险区域。启动时可能引起末端软管突然摆动而造成人身安全事故,因此启动泵时人员不要进入危险区 – 末端软管可能摇摆触及的区域。此区域的直径是末端软管长度的两倍。

(2)作业时切不可站在建筑物的边缘手握末端软管。软管或臂架的摇摆有可能导致操作人员坠落而发生人身事故。在建筑物边缘作业时,操作人员应站在安全位置,用适当的辅助工具引导末端软管。

(3)安装支腿时,要防止身体被夹入支腿与其他物体之间。

(4)禁止站在输送管下,防止被坠物砸伤。

(5)禁止攀爬臂架,或把臂架作为工作平台。

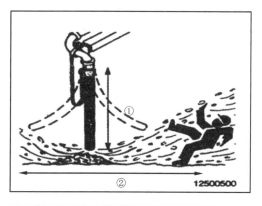
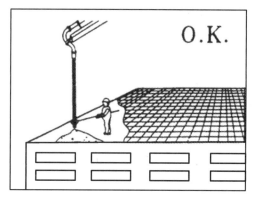
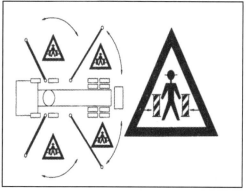

图 4 – 1　危险区域警示图

5.作业及维修人员自我保护设备

以下安全装备在工作区域需责令佩戴，以防止人员伤亡危险。

安全帽　　　安全鞋　　　安全耳套　　　安全手套　　　安全眼罩　　　安全绳索　　　呼吸装备

图4-2　自我保护设备图

（1）安全帽可以保护操作者头部，以防止跌落的混凝土或输送管的部件（输送管破裂）击伤头部；

（2）安全鞋可以保护操作者脚部，以防止跌落或投掷的尖锐物体击伤脚部；

（3）当操作者靠近发出强声的机器时，安全耳套可以起到保护操作者双耳的作用；

（4）安全手套保护操作者手部免于腐蚀性化学试剂的侵蚀，或机械操作造成的摩擦与割伤；

（5）安全眼罩可以保护操作者眼部，以防止飞溅的混凝土粉末或其他颗粒造成伤害；

（6）在高空作业时，安全绳索可以防止操作者跌落；

（7）操作者佩戴呼吸装备与面具，可以防止建筑材料粉尘、颗粒通过呼吸道进入人体内（如混凝土混合物）。

（六）运输及驾驶安全常识

（1）在混凝土泵车处于行驶状态之前，请务必遵循以下内容。

①确定臂架已经完全收拢并已固定，否则不得上路行驶；

②检查支腿是否都收回到位，并且支腿锁是否锁紧；

③检查油箱、水箱的关闭和密封情况，不允许有泄漏情况发生；

④对底盘进行安全检查（如刹车系统、转向系统、照明系统和胎压等）；

⑤观察整车重量；

⑥检查轮胎面，如是双轮胎，检查其间是否夹有杂物；

⑦检查整车附件是否固定在安全位置；

⑧将底盘切换至行驶状态。

（2）当混凝土泵车处于行驶状态的时候，请务必遵循以下内容。

①与斜坡或凹坑保持适当的距离；

②横穿地下通道、桥梁、隧道或高空管道、高空电缆时，一定要保证有足够的空间和距离；

③行驶速度不允许超过泵车技术数据表中最大速度，否则有倾翻的危险；

④混凝土泵车的重心较高，转弯时应减速以防倾翻。

二、操作安全

1.工作场地空间安全要求

在开始工作之前，操作者必须熟悉场地的基本情况，包括支撑地面的主要构成成分、承载能力和其上的主要障碍物。对场地的大小和高度要求,必须参考泵车支腿跨距的相关技术参数。

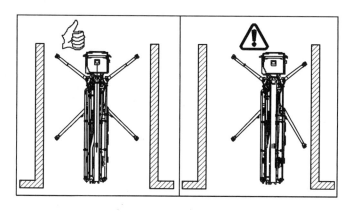

图4-3 支腿支撑安全示意图

2. 不同地形的支承摆放安全

(1)支承地面必须是水平的,否则有必要做一个水平支承表面,不能支承在空穴上。

图4-4 支腿支承地面安全示意图

(2)泵车必须支承在坚实的地面上,若支腿最大压力大于地面许用压力,必须用支承板或辅助方木条来增大支承表面积。

图4-5 支腿支承垫板示意图

（3）泵车支承在坑、坡附近时，应保留足够的安全间距；

（4）支承时，须保证整机处于水平状态，整机前后左右水平最大偏角不超过3°。

图4-6　支腿支承水平要求示意图

3. 伸展臂架安全常识

只有确认泵车支腿已支承妥当后，才能操作臂架，操作臂架必须按照操作规程里说明的顺序进行。

（1）雷雨或恶劣天气情况下，不能使用臂架。

（2）臂架不能在大于8级风力的天气中使用。

（3）移动臂架和展开支腿前，应检查周围是否有障碍物。要防止臂架或支腿触及建筑物或其他障碍物。当操作员所在位置不能观察到整个作业区或不能准确判定泵车外伸部与相邻物体之间的距离时，应配引导员指挥。操作臂架时，臂架的全部都应在操作者的视野内。

（4）如果臂架出现不正常的动作，要立即按下急停按钮。由专业维护人员查明原因并排除障碍后方可继续使用。

（5）泵车只能用于混凝土的输送，除此以外的任何用途（比如起吊重物）都是危险和不允许的。

图4-7　臂架安全示意图

除上述情况外,在展开臂架之前,操作者必须熟悉场地的基本情况。对场地的大小和高度要求,必须参见泵车臂架展开的相关技术参数。如受场地高度限制,必须了解泵车的最小展开高度。

4.触电危险

在有电线的地方须小心操作,注意与电线保持适当距离,否则在泵车上及附近或与它连接物(遥控装置、末端软管等)上作业的所有人员都有致命的危险。当高压火花出现时,设备下及周围就形成一个"高压漏斗区"。随着人员离开中心,这种电压就会减弱。往漏斗区里每走一步都是危险的。如果跨过不同的电压区(跨步电压),电位差产生的电流就会流过人体。

1.泵车体距电线最小安全距离见表4-1。

表4-1　泵车体距电线最小安全距离

电压/kV	最小距离/m
0~1	1
1~110	3
110~220	4
220~400	5
400 以上	5

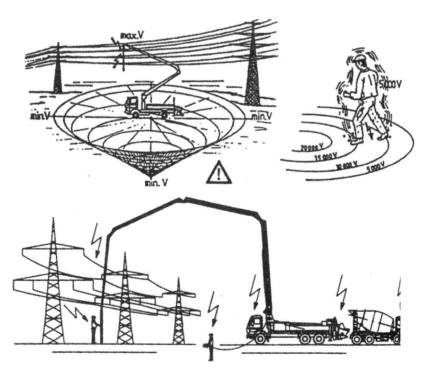

图4-8　臂架触电安全范围示意图

（2）如果泵车触到了电线，应当采取的措施如下。

①不要离开驾驶室。

②条件允许时把泵车开出危险区。

③警告其他人员不要靠近或接触泵车。

④通知供电专业人员切断电源。

5．末端软管操作安全要求

（1）末端软管规定的范围内不得站人。泵车启动泵送时不得用手引导末端软管，它可能会摆动伤人或喷射出混凝土引起事故。

（2）启动泵时的危险区就是末端软管摆动的周围区域。区域直径是末端软管长度的两倍。末端软管长度最大为 3 米，则危险区域直径为 6 米。

（3）切勿折弯末端软管，末端软管不能没入混凝土中。

（4）禁止加长末端软管的长度。

6．泵送及维护安全常识

（1）在特定的使用情况下，某些操作可能会引起臂架负载过重，或者损坏臂架。比如下图中，网格部分是末端软管不能工作的。

图 4 - 9 臂架布料安全范围示意图

图 4 - 10 运行中不安全示范图

（2）泵车运转时，不可打开料斗筛网、水箱盖板等安全防护设施，不可将手伸进料斗、水箱里面或用手抓其他运动部件。

（3）在料斗搅拌轴工作时，不要打开料斗栅格，将手伸入其内。

（4）泵送时，必须保证料斗内的混凝土在搅拌轴的位置之上，防止因吸入气体而引起的混凝土喷射。

（5）堵管处理：在正常情况下，如果每个泵送冲程的压力高峰值随冲程的交替而迅速上升，并很快达到设定的压力（如 32 MPa），正常的泵循环自动停止，主油路溢流阀发出溢流声，这表明发生堵塞。这时一般先进行 1～2 个反泵循环就能自动排除堵塞（注意：反泵－正泵操作不能反复多次进行，以防加重堵塞）。如循环几次仍无效，则表明堵塞较严重，应迅速处理；若反泵疏通无效，则应立即判定堵塞部位，停机清理管道。

三、安全装置

1. 支承示意标识与安全辅助设备

（1）在安装支腿前，务必了解工作场地地面的承载能力，然后对照每个支腿上承重载荷所标识的数值，以确认地基支承能力是否足够。支腿的承重载荷都会明显地标注在每个支腿上。

（2）为防止在行驶过程中因急速转弯而造成的支腿被摔开，每个支腿上都会配备一个支腿锁，以机械方式固定支腿。所以在进入行驶状态时，须检查支腿锁是否锁紧。

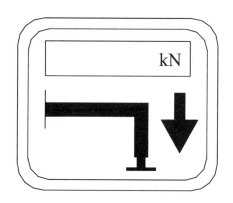

图 4 – 11　支腿支撑力标示

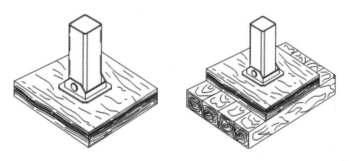

图 4 – 12　支腿支承板与辅助方木条摆放示意图

2. 支腿锁

安装支腿前须确认地基支承能力是否足够。若地基不足以支承时，须在支腿底部加支承板及辅助方木条以增大地面承载面积。

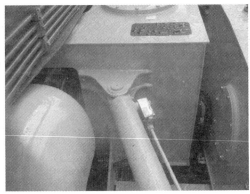

图 4 – 13　支腿锁与支腿油缸液压锁

3. 支腿油缸液压锁

为防止支腿支撑后支撑油缸在处负荷及油缸泄漏作用下自行收缩，应在支腿液压油路上设置支腿油缸液压锁，保证支腿位置固定，如图 4 – 12 所示。

4. 臂架平衡阀

为防止臂架展开后自行降下，应在臂架油油路设置安全保护装置臂架平衡阀，保证臂架位置固定，如图所示。

图 4 – 14　臂架油缸与臂架平衡阀

小结：本项目主要讲述泵车在工作时的注意事项和要求。泵车施工过程中动作灵活，要严格按照作业要求进行操作，方可保证人员、设备的安全。

项目五
泵车的安全操作

　　本项目重点讲述泵车的操作过程，包含泵车的行驶泵送切换操作、泵车支腿操作、泵车臂架控制操作、泵车泵送操作等。通过本项目的学习，学员能独立对泵车进行施工作业。

【知识目标】

　　1.泵车的行驶泵送切换；

　　2.泵车支腿操作；

　　3.泵车臂架控制操作；

　　4.泵车泵送操作。

【技能目标】

　　1.能进行泵车的行驶泵送切换操作；

　　2.能进行泵车支腿操作；

　　3.能进行泵车臂架控制操作；

　　4.能进行泵车泵送操作。

任务一　泵车的驾驶室操作

本任务重点讲述泵车驾驶室内的行驶/泵送切换操作。通过学习本任务，学员能独立对泵车的驾驶室内行驶与泵送进行切换。

【知识目标】

1.泵车的行驶泵送切换步骤；

2.泵车的操作要领；

3.泵车行驶与泵送切换的注意事项。

【技能目标】

1.熟悉行驶与泵送切换步骤；

2.清楚切换中的注意事项；

3.能根据不同底盘型号正确进行挂挡。

泵车驾驶室操作

架驶室操作的主要目的在于完成泵送与行驶之间的相互切换。

一、行驶切换到泵送

（1）泵车开至工地后停车，拉好手刹。

手刹拉好后仪表盘会显
示此图标

图5－1　手刹位置示意图

注意：泵车所选底盘不同，手刹结构也有所不同。

（2）检查底盘挡位是否处于空挡位置，能左右摇摆即为空挡，否则须踩下离合器挂至空挡。

（3）启动发动机，观察气压表是否处于大于700 kPa的位置，否则需等待其气压上升至此位置，或者轻踩油门使其气压上升到700 kPa以上。

图5－2　气压表示意图

注意：泵车气压表都在仪表盘内，但底盘不同，气压表位置也稍有不同。

（4）按下电源按钮，等待10秒左右，完成PLC程序初始化；再按油泵切换按钮，将分动箱挡位切换到油泵位置。

图为五十铃底盘照片，VOLOV底盘外形稍有不同，在电源上加了一个锁止按钮

切换到位后油泵指示灯亮，下泵送按钮时，会听到一声气响

图5-3　电源、泵送、行驶切换示意图

（5）踩下离合器，底盘挂相应挡位，脚慢慢松开离合器。

VOLOV底盘的车辆挂8挡，五十铃底盘的车辆挂6挡，Benz底盘挂至高速7挡即14挡

图5-4　进退挡位示意图

二、泵送切换到行驶

泵送切换到行驶时，其过程与行驶切换到泵送刚好相反，具体流程如下。

（1）踩下离合器，底盘退挡到空挡位置，脚慢慢松开离合器。

（2）按下行驶按钮，由泵送状态切换为行驶状态。

（3）按下电源按钮，关闭上装电源。

　　此时就完成了泵送切换到行驶，但并不能行驶，如果要行驶移车，还得松开手刹，再按机动车行驶要求进行操作。

　　小结：本次任务主要讲述泵车驾驶室内的操作，掌握驾驶室操作能正确地进行行驶与泵送的切换，实现泵车操作的第一步。

任务二　泵车支腿操作

本任务重点讲述泵车支腿展开与收回操作。通过学习本任务，学员能独自对泵车的支腿进行独立操作。

【知识目标】

1. 泵车支腿操作的注意事项；
2. 泵车支腿操作的步骤；
3. 泵车支腿单侧支撑。

【技能目标】

1. 熟悉支腿操作的注意事项；
2. 正确进行支腿展开与收回操作；
3. 正确对泵车支腿进行单侧支撑。

泵车支腿操作

一、泵车支腿的展开

（1）检查电控柜的"遥控/近控"按钮是否处于近控状态，否则切换到近控位置。
（2）打开支腿锁。

 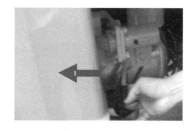

一定要记住打开全部的支腿挂钩！

图 5-5　遥控、近控面板示意图

（3）支腿手柄操作如下。
①支腿操作手柄序号：靠近车头位置为 1 号手柄，往后依次为 2、3、4、5 号手柄。
②其中各手柄功能为：1 号手柄为前支腿升降操作手柄；2 号手柄为前支腿伸缩操作手柄；3 号手柄为前支腿展开操作手柄；4 号手柄为后支腿展开操作手柄；5 号手柄为后支腿升降操作手柄。
③操作方法：一只手扳动（向下）支腿控制按钮，同时另一只手扳动（向外推）相应的支腿操作手柄，就能操作支腿展开，手柄的操作顺序依次为：3、2、1、4、5。

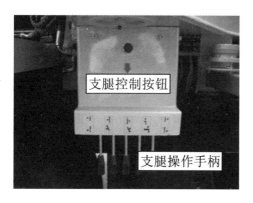 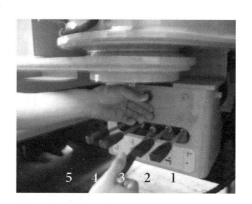

图 5-6　展开支腿示意图

二、泵车支腿的收回

泵车支腿的收回与其展开方式相反，其操作过程是展开的反向操作，但在操作支腿前还是要确定其处于近控状态。

（1）检查电控柜的"遥控/近控"按钮是否处于近控状态，否则要切换到近控位置。

（2）操作支腿收回。同样一只手扳动（向下）支腿控制按钮，同时另一只手扳动（向内拉）相应的支腿操作手柄，就能操作支腿收回。收回支腿的手柄的操作顺序为：5、4、1、2、3。

支腿收回时应注意以下事项：

（1）支腿在展开和收回时要注意顺序，总的原则是展开时先前再后（先前支腿，再后支腿）；收回时先后再前，使车身大部分的重量先落在后轮上。

（2）支腿操作时，可以同时操作多个手柄，但不能让各自的动作互相干涉。

（3）夜间施工时请注意开启支腿侧灯，防止发生交通事故。

图5-7　展开对齐示意图

注意：支腿支撑（收拢）时，必须分两次支撑（收拢）到位，第一次支撑距离约30厘米；支承地面基础必须牢固，要确保地层不下陷，并时刻检查。

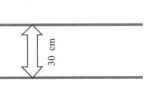

图5-8　支腿支撑示意图

 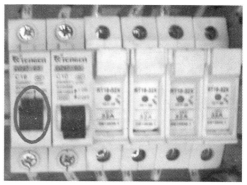

图 5 - 9　夜间照明示意图

三、单侧支撑

　　单侧支撑是在工作场地不够时采用的一种支撑方式，强调工作必须进行，在支腿支撑中并无特殊方法，只是不再强调支腿支撑到位。操作方法与前述相同，不再赘述。

　　支腿支撑操作完成后，要注意泵送施工时限制了泵送输料角度。

　　小结：本次任务主要讲述泵车支腿的操作，掌握支腿操作要求和方法，就能实现泵车泵送时支腿支撑要求，为泵车泵送打好基础。

任务三 泵车的臂架操作

本任务重点讲述泵车的臂架操作。通过学习本任务，学员能独立对泵车臂架进行操作。

【知识目标】

1. 泵车的臂架操作注意事项；
2. 泵车的遥控泵送操作；
3. 泵车的近控泵送操作。

【技能目标】

1. 清楚臂架操作中的注意事项；
2. 能正确进行臂架遥控、近控操作；
3. 能操作智能臂架。

泵车臂架操作

一、泵车遥控臂架的操作

无线遥控系统由发射器和接收器组成。接收器装于泵车驾驶室内，通过电缆与电控柜相连；发射器由操作人员随身携带，便于对设备进行操作。

图 5 - 10　接收器和接收天线示意图

1. 遥控器按键功能

遥控器各个按键功能(图 5 - 11)如下：

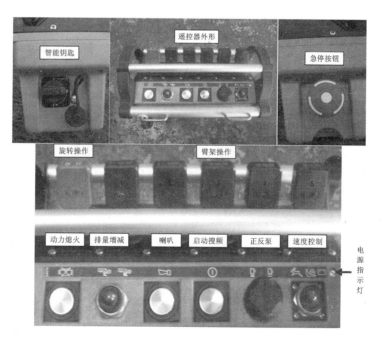

图 5 - 11　遥控器按键功能示意图

钥匙开关：遥控器的电源开关；

紧停按钮：紧急停止按钮，一般处于按下去的状态，使用时需打开此按钮；

臂架操作按钮：对臂架进行控制，推动幅度越大，则臂架的运动速度就越大；

动力熄火：在紧急情况下，对发动机进行熄火控制；

旋转操作：对转台进行操作，控制臂架的展开方向，一般转台旋转的最大角度为365度；

排量增减：利用遥控器对主油泵的排量进行控制；

喇叭：用来检查遥控器与泵车是否完成连接；

启动搜频：用来搜索泵车频率，完成遥控器与泵车的频率对接；

正反泵：用来对泵车的泵送机构进行正反泵控制；

速度控制：用来控制臂架的运动速度，蜗牛挡为低速挡，兔子挡为高速挡。

2. 操作流程

（1）把充满电的遥控器蓄电池装入遥控器中。

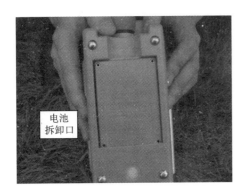 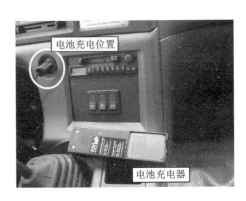

图 5 - 12　电池拆装与充电示意图

（2）检查电控柜的"遥控/近控"按钮是否处于遥控状态，否则切换到近控位置。

（3）松开遥控器"紧急停止"按钮，半旋转此按钮就可松开此按钮。

（4）打开遥控器钥匙按钮，由"0"位置切换到"1"状态。

此时，泵车接收器的指示灯出现变化，当没有打开发射器钥匙开关时，从接收系统顶部上显示窗口中可以看到，仅一黄色、一红色灯常亮。打开发射系统钥匙开关，松开发射器上红色急停按钮后，按下启动按钮，发射系统上的指示灯开始会快速闪烁（此时系统处于扫频）；几秒钟后，指示灯会变为有节奏的闪烁，此时接收系统上的指示灯红色灯熄灭，通道1指示灯亮（绿灯）。表明此时遥控系统已启动。

（5）按下"频率搜索"按钮，进行频率搜索。

（6）按下"喇叭"按钮，进行频率控制检查。

（7）按下"臂架"操作按钮，进行臂架操作。

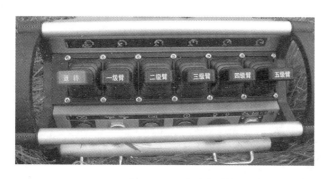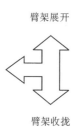

图 5-13　电池拆装与充电示意图

　　注意：遥控器在遭受同频干扰时，会自动封锁信号输出，臂架动作与泵送动作均会停止。此时，须重新打开钥匙开关，按"启动"按钮，遥控器将重新选择频段，再次进入工作状态。

3. 注意说明

（1）摇杆向外推，对应的臂架展开，摇杆向内扳，对应的臂架收拢。

（2）臂架动作的最快速度可通过遥控器上"快速/慢速"开关进行选择。

（3）在遥控器的工作状态下，拧动"正泵或反泵"操作旋钮，发动机转速自动升到设定的工作速度，然后系统开始正泵或反泵工作。扳动"排量调节"按钮，可调节泵送速度的快慢。

（4）按下"紧急停止"按钮，所有与泵送有关的动作如泵送、臂架动作、支腿动作等都将停止，同时发动机降速至怠速。紧急停止时，文本显示器上会显示"紧急停止"。

（5）当泵车遇到特别紧急的情况时，可按下发动机"停止"按钮，此时发动机会自动熄火。

（6）遥控器发射器电池电力不足时，发射器的指示灯会由绿光变为红光，此时应更换电池。换下来的电池可放至驾驶室内充电。

二、泵车近控臂架的操作

　　近控状态时，臂架的打开和收拢均通过操作臂架多路阀手柄来完成。控制臂架的手柄向上拉是控制臂架展开，向下推是控制臂架收拢。臂架的运动速度与手柄的扳动幅度成正比。

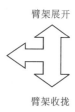

图 5-14　多路阀操作示意图

　　注意：一般不采用近控方式操作臂架。

三、臂架操作的具体方式

（1）从一臂开始按顺序展开，前一节臂架未展开到位时不要展开下一臂架，否则可能会破坏机械部件。

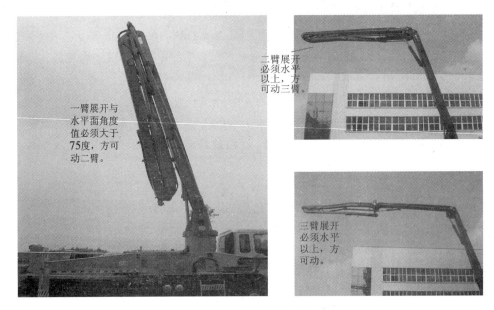

一臂展开与水平面角度值必须大于75度，方可动二臂。

二臂展开必须水平以上，方可动三臂。

三臂展开必须水平以上，方可动。

图 5-15　臂架操作示意图

注意：臂架数量与臂长有关，操作时要根据实际情况而定，不能有干涉与碰撞，臂架展开后应尽可能成弧线。

（2）将最后一节臂架的软管放下来后重新移动臂架，将软管出口移至施工地点。

图 5-16　软管解锁操作示意图

(3)施工中可以动作单个臂架,也可多个臂架组合同时动作。不论在什么情况下,整个臂架都必须在操作者视线内才能操作臂架。

(4)臂架收回时与此相反,先收最后一节臂架,再依次类推,收回时也要注意各臂架的相对位置,不能碰撞。

小结:本次任务主要讲述泵车臂架的操作,掌握臂架操作要求和方法,就能实现泵车泵送时输料路线的控制,为泵车泵送做好全部的准备。

任务四　泵车的泵送操作

本任务重点讲述泵车泵送操作。通过学习本任务，学员能独立对泵车的泵送进行操作。

【知识目标】

1. 泵车的电控柜泵送操作；
2. 泵车的遥控器泵送操作；
3. 泵车泵送完后的收车。

【技能目标】

1. 掌握电控柜上各按钮开关的功能，正确进行近控泵送操作；
2. 清楚遥控器各按钮功能；
3. 能正确进行遥控器的泵送操作；
4. 泵送完后能进行收车。

泵车泵送操作

一、泵车泵送操作

泵车的泵送操作可分为遥控器操作与近控电控柜操作,操作时都为钮子开关控制。具体泵送操作方法及要求如下。

(1)泵送混凝土前,在料斗内加满水,进行正泵操作,直至根部软管出水为止;然后打开料门,进行反泵操作,将管道内的水吸回料斗,再重新关上料门。

(2)加入适量砂浆至料斗(比例:水泥:砂子=1:2;用量一般要求:水泥500 kg,砂1000 kg,砂浆要求稍稠)。需要注意,在混凝土没有到位之前不要泵送砂浆。打开料门,放出水后再重新关上。

(3)泵送完砂浆后,立即进行混凝土泵送。

(4)根据施工情况进行泵送排量调节。

(5)当泵送堵管时可先反泵两次,再用正泵继续泵送。若如此操作三次,堵管仍不能排除,则要找出堵管部位,人工清除。

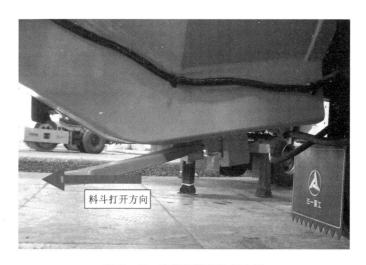

图5-17 软管解锁操作示意图

注意:泵送开始后,搅拌叶片应时刻保持运转,并保证料斗内的混凝土在搅拌轴的位置之上,防止因吸入空气而引起混凝土喷散。待料时,应每隔10分钟进行反泵/正泵操作,防止堵管。

二、泵完后的收车工作

(1)将全部臂架收回。

(2)将全部支腿收回并将支腿用支腿挂钩固定。

(3)踩下离合器,将底盘置于空挡,从油泵位置切换到行驶位置后关掉电源。

(4)按驾驶操作规程开离现场。

注意:

(1)在臂架没有收到位之前严禁操作支腿

(2)必须将四个支腿锁住后才能行驶,否则可能引起重大安全事故的发生。

小结: 本次任务主要讲述拖泵在工作时的注意事项。在拖泵施工的过程中,应该做好充分的检查,认真履行安全操作要求,不放过任何细节事项,方可保证施工安全。

项目六
泵车保养

机械在运动过程中不可避免会有磨损现象，通过定期保养能够让设备正常工作、减少故障率和延长设备使用寿命。本项目介绍泵送机械关键部位的保养方法，泵送机构的保养在拖泵保养中已有介绍，本项目不作要求。

【知识目标】

1.能正确地述说泵车的保养内容及方法；

2.能根据要求对泵车做好保养工作。

【技能目标】

1.能正确地对泵车进行润滑方面的保养；

2.能正确地对泵车进行油料更换；

3.能正确地对泵车进行清洗；

4.能正确地对泵车进行检查与紧固。

任务一 泵车润滑

本任务介绍泵车关键零部件的润滑。通过本任务的学习，学生可掌握泵车有哪些部位需要润滑，润滑周期是多久，该如何进行润滑操作。

【知识目标】

1. 泵车润滑部位；
2. 各部位润滑的周期及需要的相关物品。

【技能目标】

1. 能正确对底盘润滑点加注黄油；
2. 能正确对支腿和臂架润滑点加注黄油；
3. 能正确对回转机构润滑点加注黄油。

泵车润滑

一、底盘润滑

(1)底盘各润滑点如图6－1所示。

(2)加注时应使用黄油枪给各个润滑点加注黄油,一般每月一次。

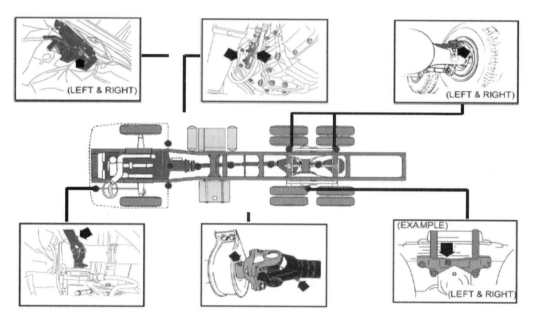

图6－1(a)　底盘润滑点分布

图6－1(b)　底盘黄油嘴

二、臂架及支腿保养

1. 保养周期
每半个月对臂架和支腿上的各润滑点打黄油。

2. 保养方法
臂架和支腿上的黄油润滑点分布如图6-2所示。

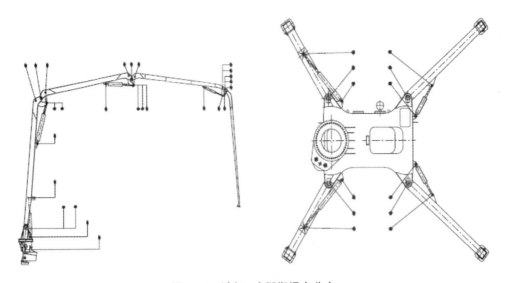

图6-2 臂架、支腿润滑点分布

在黄油枪内注满润滑油，用其出油嘴对准润滑点，用手挤压加压杆使黄油枪内部的黄油压注入润滑点内，如图6-3所示。

图6-3 润滑点加注黄油

三、回转支承

回转减速机的保养参照回转支承结构,如图 6 - 4 所示。

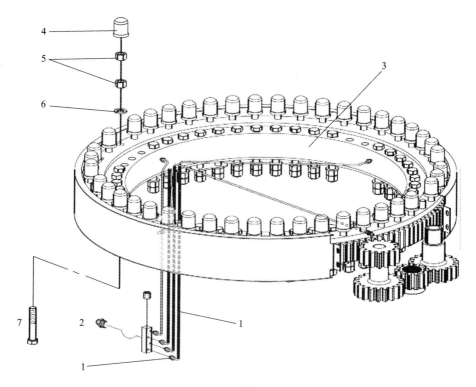

图 6 - 4　回转支承

1—润滑脂管;2—油杯;3—回转轴承;4—橡胶保护套;5—螺母;6—垫圈;7—螺栓

(1)每半个月通过回转轴承的加油润滑脂座给回转轴承加注润滑脂;

(2)每三个月检查回转轴承齿轮面的磨损状况,并给齿轮表面涂抹润滑脂;

(3)回转轴承的润滑通过润滑脂输送管把润滑脂输送到轴承的各个润滑点;检查齿轮间是否有异物,如有,应立即清除;

(4)每工作 100 小时,目视检查一次回转轴承螺栓是否有松动、断裂的情况;

(5)每运行 2 年,必须检查回转轴承内外圈螺栓的预紧力矩是否为 1210 N·m。

小结: 本次任务主要讲述泵车底盘、支腿、臂架等方面的润滑保养内容,做好润滑能充分发挥泵车的工作性能,延长其使用寿命。

任务二　泵车油料更换

本任务介绍泵车关键零部件使用油料的更换。通过本任务的学习，学生可掌握泵车有哪些部位需要进行油料更换，更换的周期为多长。

【知识目标】

1. 泵车需更换油料的部位；
2. 各部位油料更换的周期及需要的相关物品。

【技能目标】

1. 能正确更换分动箱齿轮油；
2. 能正确更换减速机齿轮油；
3. 能正确更换泵车液压油。

泵车油料更换

一、分动箱

分动箱如图6-5所示。

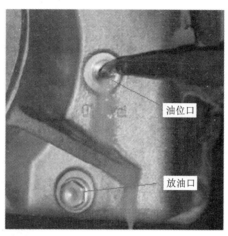

加注口

油位口

放油口

图6-5　分动箱

1.分动箱日常保养周期

每天检查一次分动箱内润滑油位,首次运行250小时后进行第一次润滑油更换,以后每500小时或半年更换一次润滑油。分动箱使用粘度等级为SAE90的APIGL4传动油(出厂时加注美孚629或壳牌VG150齿轮油)。

2.分动箱保养

(1)常识

①每次换油后,都要检查分动箱的润滑油油面应在油位口处;

②每周要对分动箱连接的螺栓和分动箱挂架螺栓进行检查,防止螺栓因震动而产生松动,造成更大的震动甚至分动箱的损坏;

③每年应对分动箱的润滑油进行更换,对分动箱进行清洗;

④对分动箱上安装的行程开关,要每周检查一次元件、线路的完好性及防水绝缘性。

(2)动箱保养方法

①旋开放油口螺栓,使分动箱内旧润滑油流出,并用适当容器接住;

②用柴油清洗分动箱内部,除去内部沉淀的污垢;

③从加注口加入壳牌VG150或同品质的润滑油,直到油位口有新油溢出。

二、减速机

1. 旋转减速机的日常检查与保养

减速机如图 6 – 6 所示。

图 6 – 6　减速机

每周应检查一次旋转减速机的减速部分润滑油,检查马达安装螺栓的预紧力矩,给小齿轮轴加注润滑脂。

(1)将泵车水平停放,关闭发动机,并切断电源,防止未经许可的启动;

(2)拧掉通气罩,通过加油接头和输油管定期检查,减速机齿轮油液面高度,防止少油现象出现;

(3)检查到旋转减速机安装螺栓有松动现象时,不允许直接拧紧,应更换新的同样强度、等级和型号的螺栓螺母。旋转减速机安装螺栓的预紧力矩为(200±10) N·m;

(4)给齿轮轴加注润滑脂;

(5)每三个月检查一次减速机小齿轮面的磨损状态,并给齿轮表面涂抹润滑脂。检查中发现齿轮面上有污垢时,应立即清除,防止损坏齿轮,造成停工和维修费损失;

(6)每年检查回转间隙,间隙不低于 0.9 mm 时,调整偏心轴。

2. 旋转减速机齿轮油的更换

(1)拧开减速机的放油口螺栓和油位口螺栓,把用过的旧油放掉;

(2)加入适量柴油清洗减速机内部,清除内部沉淀污垢;

(3)用适当的容器接好流出的旧油,处理应符合环境保护的要求;

(4)将放油口螺栓装好;

(5)从通气罩处的加油口加入正确牌号的齿轮油至油位口底部,可有少量油溢出;

(6)装好油位口螺栓和通气罩,启动泵车,检查减速机运行是否正常。

三、液压系统保养

1. 液压油相关知识

(1)液压系统加满矿物质的液压油(HLP46#)或以合成酯为基础的生物降解液压油(HLP–E46#)或不易燃液压油(HFC46),泵车出厂时采用美孚或壳牌46#液压油(约800 L)。

(2)在环境温度较高的情况下,液压油可加注HLP68#,提高其黏度等级。

(3)在环境温度较低的情况下,液压油可加注美孚DTE–13M低温抗磨液压油。

(4)不得将不同牌号、不同品牌的液压油混合使用。液压油推荐参照表6–1。

表6–1 液压油推荐参照

标注根据 DIN51502	HLP	
要求标准	DIN 51 524 PART2	
特征	矿物质	
黏度等级,根据 DIN51 519	ISO VG46 标准	
BP	BP Energol HLP – HM 46	
EIF	ELFOLNA 46 ELFOLNA DS 46	
ESSO	NUTO H 46	
MOBIL	Mobil DTE 25	
SHELL	Shell Tellus oil 46 Shell ydrol HV 46	

2. 保养周期

每工作500小时过滤、更换一次液压油,并对液压油箱进行清洗(禁止用水清洗液压油箱)。

3. 更换液压油及滤芯方法

(1)将液压系统工作到正常工作温度后停机,打开卸压球阀,如图6–7所示。

图6–7 卸压球阀

(2)打开液压油箱底部的排污阀放掉液压油，拧开主油泵下方排气口螺堵，放掉系统里的残余液压油，如图6-8所示。

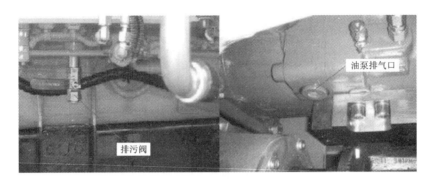

图6-8　放液压油

(3)将液压油加油口和油箱侧盖周围清理干净。

(4)打开油箱所有清洗口(见图6-9)，将油箱内部残余油液清理干净后，用调好的小麦面团将箱内的杂质粘干净。

图6-9　液压油箱清洗口

(5)拆开高压过滤器取出滤芯，将过滤器座内清洗干净，将新滤芯安装在过滤器座上，往油杯里灌满液压油后，再将油杯拧上，拧油杯时要拧到位后再松三分之一圈，如图6-10所示。

图6-10　液压油滤清器

（6）装好主油泵放油螺堵，盖好油箱清洗口盖板。

（7）从液压油加注口加入同牌号的液压油，直到达到要求高度，如图6-11所示。

图6-11 液压油加注

（8）打开主油泵排气口，直到有油流出，然后拧紧螺堵。

（9）关闭卸荷球阀，启动泵车，将泵送排量调到最低，依次将底盘从低档到高档怠速运行几分钟。

（10）停机后泄压，把臂架多路阀回油管（图6-12）连到油箱上的一端拆开，把油管接到油桶，然后从加油机往油箱内加注液压油，同时启动泵车，扳动多路阀臂架手柄，使各节臂油缸从一端运行到另一端，泄掉臂架油缸中的旧油，然后熄火重新接上胶管。

图6-12 臂架多路阀回油管

（11）根据液压油位标记，加入新液压油到标记油位之上。

（12）每天出车启动前，打开油箱底部的手动球阀，放掉油箱内的冷凝水和沉淀污垢，并检查油箱油位，不足时加注液压油。

4.泵车液压系统过滤

更换液压油后或者液压油使用时间长但没超过更换时间，可以对液压系统进行过滤，延长液压油的使用寿命。

（1）将滤油车的进出油管分别接在主阀块低压出油口和主油缸有杆腔进油口，左右各接一台，如图6-13所示。

图6-13 液压系统过滤

（2）启动泵车，在低压状态下，排量调到30%左右，泵送2小时。

（3）过滤完后，将所有油管复原。

小结：本任务主要介绍泵车在保养时的油料更换方法与原则，在对泵车油料进行更换的过程中，应该严格按照要求进行检测更换，才能延长泵车的使用寿命。

任务三　泵车的清洗

本任务介绍泵车管道的清洗，防止混凝土结块造成系统故障。通过本任务的学习，学生可掌握泵车管道的清洗保养方法。

【知识目标】

1. 泵车两种清洗方法的使用场合；
2. 泵车清洗的步骤。

【技能目标】

1. 能正确进行干洗洗车；
2. 能正确进行水洗洗车。

泵车的清洗

一、干洗

（1）将吸有水的海绵球塞入末端软管内，料斗内的余留混凝土必须淹没搅拌轴。

（2）竖直臂架，启动反泵（100%排量），将海绵球吸至铰链弯管处。

图 6-14　海绵吸入示意图

（3）把料吸完后，打开料斗放料口与铰链弯管放料，拿出海绵球。

 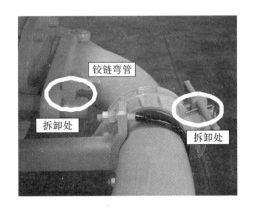

图 6-15　铰链弯管拆卸示意图

（4）装好水枪。

图 6－16 水枪装配示意图

（5）将电控柜上的"近控/远控"按钮切换到近控，将"水泵/搅拌"按钮切换到水泵位置，然后打开此手柄，即可进行水泵水洗，对料斗、S管、输送缸进行清洗。

二、湿洗

（1）泵送完成后，将臂架放平，打开料斗放料门，放净余料；打反泵泄压，打开铰链弯管，用水枪将料斗、S管、输送缸冲洗干净。

（2）将一个海绵球塞入铰链弯管，关好料斗放料门，装好铰链弯管，往料斗内加注自来水，并保证有足够的水源。

（3）将泵送排量调节到最大，开始正泵，将水源接入料斗，保证不会泵空，等到海绵球从末端软管泵出即可。

小结：本次任务主要讲述泵车作业后的清洗保养工作。做好泵车的清洗，有利于减少故障的发生，延长机械的寿命。

任务四 泵车的紧固

本任务介绍泵车臂架、转台和支腿的预紧力矩及各关键部位连接的检查方法。通过本任务的学习，学生可掌握泵车紧固件的拧紧要求及检查方法。

【知识目标】

1. 泵车各螺栓的预紧力矩要求；
2. 泵车关键部位连接处的检查方法。

【技能目标】

1. 能正确紧固臂架；
2. 能正确紧固转台；
3. 能正确紧固支腿；
4. 能正确紧固分动箱。

泵车的紧固

一、螺栓预紧力矩要求

泵车上使用的所有螺栓的预紧力矩都有各自的标准要求,可分为有润滑条件下和无润滑条件下的要求,如表6-2和表6-3所示。

表6-2 螺栓预紧力矩(有润滑)

螺纹规格	强度等级(8.8)	强度等级(10.9)	强度等级(12.9)
	预紧力矩/(N·m)	预紧力矩/(N·m)	预紧力矩/(N·m)
M8	23 ± 2	34 ± 2	39 ± 2
M10	45 ± 5	67 ± 5	78 ± 5
M12	85 ± 5	118 ± 8	137 ± 8
M16	210 ± 10	290 ± 10	339 ± 15
M20	408 ± 15	568 ± 18	666 ± 18
M24	710 ± 18	984 ± 20	1147 ± 25
M30	1410 ± 25	1956 ± 25	2280 ± 25
M36	2470 ± 30	3410 ± 30	3988 ± 30

表6-3 螺栓预紧力矩(无润滑)

螺纹规格	强度等级(8.8)	强度等级(10.9)	强度等级(12.9)
	预紧力矩/(N·m)	预紧力矩/(N·m)	预紧力矩/(N·m)
M8 × 1	27 ± 2	39 ± 2	46 ± 5
M10 × 1.25	52 ± 5	76 ± 5	90 ± 5
M12 × 1.25	93 ± 5	135 ± 8	160 ± 10
M12 × 1.5	89 ± 5	130 ± 8	155 ± 10
M14 × 1.5	215 ± 15	215 ± 15	255 ± 15
M16 × 1.5	225 ± 15	330 ± 18	390 ± 18
M18 × 1.5	340 ± 18	485 ± 18	570 ± 20
M20 × 1.5	475 ± 20	680 ± 25	790 ± 25

螺纹规格	强度等级(8.8)	强度等级(10.9)	强度等级(12.9)
	预紧力矩/(N·m)	预紧力矩/(N·m)	预紧力矩/(N·m)
M22 × 1.5	630 ± 20	900 ± 25	1050 ± 30
M24 × 2	800 ± 25	1150 ± 30	1350 ± 30
M27 × 2	1150 ± 30	1650 ± 30	1950 ± 30
M30 × 2	1650 ± 30	2350 ± 30	2750 ± 30

二、检查要求

(1)臂架:臂架连接处的销轴及紧固部分必须每天检查,如果出现异常情况,如结构件开裂、销轴断裂和紧固螺栓松脱等,必须立刻采取措施进行处理。

图 6 – 17　臂架销轴检查

(2)转台:每天检查回转轴承固定螺栓是否有松动和断裂的现象,若有松动和断裂的螺栓,必须马上更换。

图 6 – 18　回转轴承固定螺栓

（3）支腿：每天检查支腿油缸紧固螺栓和销轴连接的情况，如果出现松动情况，要按照螺栓预紧力矩要求进行紧固，出现开裂情况则要立马更换。

图 6-19　支腿油缸固定螺栓

图 6-20　支腿销轴连接

（4）分动箱：要求每周检查一次分动箱的连接螺栓和挂架螺栓，防止因螺栓松动造成分动箱损坏。

图 6-21　分动箱连接

小结：本次任务主要讲述泵车保养时紧固工作的要求及紧固方法。在泵车维护保养时，应该做好充分的检查，认真履行紧固操作要求，不放过任何细节事项，方可保证施工安全。